Aus der Reihe „Mathematik – leicht verständlich":

Die Partialdivision

von Dr. Detlef Bommhardt

Dresden, März 2023

Die Partialdivison

Die Partialdivision (auch: Polynomdivision) ist ein mathematisches Rechenverfahren, mit dem ein Polynom durch ein anderes Polynom dividiert werden kann. Ein **Polynom** ist ein mathematischer Ausdruck, der aus mehreren Gliedern (Teilen) besteht. Man unterscheidet Polynome

nullten Grades (auch: konstante Funktion, z. B. $P(x) = -2$),

ersten Grades (auch: lineare Funktion, z. B. $P(x) = -2x + 2$),

zweiten Grades (auch: quadratische Funktion,
z. B. $P(x) = -2x^2 - 2c + 2$),

dritten Grades (auch: kubische Funktionen,
z. B. $P(x) = 6x^3 - 2x^2 - 2c + 2$),

vierten Grades (auch: quartische Funktion,
z. B. $P(x) = 3x^4 + 6x^3 - 2x^2 - 2c + 2$)

Die Aufgaben 1 bis 41 stammen aus dem Buch "Arithmetische Aufgaben – Teil 1: für die Oberklassen sechsstufiger und die Mittelklassen neunstufiger Anstalten" von Dr. E. Bardeys, 18. Auflage von 1935, Seiten 36 und 37

1.) | Zerlegen Sie **(5a + 5b – 5c) : 5** mithilfe der Partialdivision!

$$(5a + 5b - 5c) : 5 = a + b - c$$
$$\underline{-(5a \qquad)}$$
$$/ \quad 5b - 5c$$
$$\underline{-(5b \quad)}$$
$$/ \quad -5c$$
$$\underline{-(-5c)}$$
$$/$$

2.) Zerlegen Sie **(8a – 6b + 10c) : 2** mithilfe der Partialdivision!

$$(8a - 6b + 10c) : 2 = 4a - 3b + 5c$$
$$\underline{- (8a \qquad)}$$
$$/ \;\; - 6b + 10c$$
$$\underline{- (-6b \qquad)}$$
$$/ \qquad 10c$$
$$\underline{- (10c)}$$
$$/$$

3.) Zerlegen Sie **(6ax – 9bx – 15x) : 3x** mithilfe der Partialdivision!

$$(6ax - 9bx - 15x) : 3x = 2a - 3b - 5$$
$$\underline{- (6ax \qquad\qquad)}$$
$$/ \;\;\; - 9bx - 15x$$
$$\underline{- (-9bx \qquad)}$$
$$/ \qquad - 15x$$
$$\underline{- (- 15x)}$$
$$/$$

4.) Zerlegen Sie **(12a²x – 8abx + 20axy) : 1¹/₃a** mithilfe der Partialdivision!

$$(12a^2x - 8abx + 20axy) : 1\tfrac{1}{3}a = 9ax - 6bx + 15xy$$
$$\underline{- (12a^2x \qquad\qquad\qquad)}$$
$$/ \qquad - 8abx + 20axy$$
$$\underline{- (- 8abx \qquad\qquad)}$$
$$/ \qquad 20axy$$
$$\underline{- (20axy)}$$
$$/$$

5.) Zerlegen Sie $(\frac{1}{2}abx - \frac{1}{3}aby + \frac{1}{4}abc) : 1\frac{1}{6}ab$ mithilfe der Partialdivision!

$$(\frac{1}{2}abx - \frac{1}{3}aby + \frac{1}{4}abc) : 1\frac{1}{6}ab = \frac{3}{7}x - \frac{2}{7}y + \frac{3}{14}c$$
$$\underline{- (\frac{1}{2}abx \qquad\qquad)}$$
$$/ \quad - \frac{1}{3}aby + \frac{1}{4}abc$$
$$\underline{- (-\frac{1}{3}aby \qquad\quad)}$$
$$/ \qquad \frac{1}{4}abc$$
$$\underline{- (\frac{1}{4}abc)}$$
$$/$$

6.) Zerlegen Sie $(\frac{3}{4}axy - \frac{2}{5}bxy + \frac{7}{10}cxy) : \frac{1}{20}xy$ mithilfe der Partialdivision!

$$(\frac{3}{4}axy - \frac{2}{5}bxy + \frac{7}{10}cxy) : \frac{1}{20}xy = 15a - 8b + c$$
$$\underline{- (\frac{3}{4}axy \qquad\qquad)}$$
$$/ \quad - \frac{2}{5}bxy + \frac{7}{10}cxy$$
$$\underline{- (- \frac{2}{5}bxy \qquad\quad)}$$
$$/ \qquad \frac{7}{10}cxy$$
$$\underline{- (\frac{7}{10}cxy)}$$
$$/$$

7.) Zerlegen Sie $(2\frac{1}{2}abx - 3\frac{1}{3}bcy + 3\frac{3}{4}bd) : \frac{5}{4}b$ mithilfe der Partialdivision!

$$(2\frac{1}{2}abx - 3\frac{1}{3}bcy + 3\frac{3}{4}bd) : \frac{5}{4}b = 2ax - \frac{8}{3}cy + 3d$$
$$\underline{- (2\frac{1}{2}abx \qquad\qquad\quad)}$$
$$/ \quad - 3\frac{1}{3}bcy + 3\frac{3}{4}bd$$
$$\underline{- (-3\frac{1}{3}bcy \qquad\quad)}$$
$$/ \qquad 3\frac{3}{4}bd$$
$$\underline{- (3\frac{3}{4}bd)}$$
$$/$$

8.) Zerlegen Sie $(1\tfrac{1}{4}ab - 1\tfrac{2}{3}ax - 3\tfrac{1}{3}acy) : (-2\tfrac{1}{2}a)$ mithilfe der Partialdivision!

$$(1\tfrac{1}{4}ab - 1\tfrac{2}{3}ax - 3\tfrac{1}{3}acy) : (-2\tfrac{1}{2}a) = -\tfrac{1}{2}b + \tfrac{2}{3}x + 1\tfrac{1}{3}cy$$

$$\underline{-(1\tfrac{1}{4}ab \qquad\qquad)}$$
$$\diagup \quad -1\tfrac{2}{3}ax - 3\tfrac{1}{3}acy$$
$$\underline{-(-1\tfrac{2}{3}ax \qquad)}$$
$$\diagup \quad -3\tfrac{1}{3}acy$$
$$\underline{-(-3\tfrac{1}{3}acy)}$$
$$\diagup$$

9.) Zerlegen Sie $(ax - bx) : (a - b)$ mithilfe der Partialdivision!

$$(ax - bx) : (a - b) = x$$
$$\underline{-(ax - bx)}$$
$$\diagup \quad \diagup$$

10.) Zerlegen Sie $(2a - 10) : (a - 5)$ mithilfe der Partialdivision!

$$(2a - 10) : (a - 5) = 2$$
$$\underline{-(2a - 10)}$$
$$\diagup \quad \diagup$$

11.) Zerlegen Sie **(ab + ay − bx − xy) : (a − x)** mithilfe der Partialdivision!

$$(ab + ay - bx - xy) : (a - x) = b + y$$
$$\underline{-(ab \qquad - bx \qquad)}$$
$$\diagup \quad ay \quad \diagup \; - xy$$
$$\underline{-(ay \qquad - xy)}$$
$$\diagup \qquad \diagup$$

12.) Zerlegen Sie **(mx − nx − my + ny) : (m − n)** mithilfe der Partialdivision!

$$(mx - nx - my + ny) : (m - n) = x - y$$
$$\underline{-(mx - nx \qquad\qquad)}$$
$$\diagup \quad \diagup \; - my + ny$$
$$\underline{-(my + ny)}$$
$$\diagup \quad \diagup$$

13.) Zerlegen Sie **(10ax + 8ay − 25bx − 20by) : (5x + 4y)** mithilfe der Partialdivision!

$$(10ax + 8ay - 25bx - 20by) : (5x + 4y) = 2a - 5b$$
$$\underline{-(10ax + 8ay \qquad\qquad\qquad)}$$
$$\diagup \qquad \diagup \; - 25bx - 20by$$
$$\underline{-(25bx - 20by)}$$
$$\diagup \qquad \diagup$$

14.) Zerlegen Sie

$$(6ax - 9ay - 4bx + 6by - 2cx + 3cy) : (2x - 3y)$$

mithilfe der Partialdivision!

$$(6ax -9ay -4bx +6by -2cx +3cy) : (2x-3y) = 3a -2b -c$$
$$- (6ax -9ay)$$
$$/ / -4bx +6by -2cx +3cy$$
$$- (4bx +6by)$$
$$/ / -2cx +3cy$$
$$- (-2cx +3cy)$$
$$/ /$$

15.) Zerlegen Sie

$$(3ax - 3ay - 9az + 2bx - 2by - 6bz) : (2b + 3a)$$

mithilfe der Partialdivision!

Summanden aufsteigend sortieren! (siehe Divisor)

$$(3ax -3ay -9az +2bx -2by -6bz) : (3a + 2b) = x -y -3z$$
$$- (3ax +2bx)$$
$$/ -3ay -9az / - 2by -6bz$$
$$- (-3ay - 2by)$$
$$/ -9az / -6bz$$
$$- (-9az -6bz)$$
$$/ /$$

16.) Zerlegen Sie **(3a² + 5ab + 2b²) : (a + b)** mithilfe der Partialdivision!

$$(3a^2 + 5ab + 2b^2) : (a + b) = 3a + 2b$$
$$\underline{- (3a^2 + 3ab\qquad)}$$
$$/\quad 2ab + 2b^2$$
$$\underline{- (2ab + 2b^2)}$$
$$/\qquad /$$

17.) Zerlegen Sie **(4a² − 7ab + 3b²) : (4a − 3b)** mithilfe der Partialdivision!

$$(4a^2 - 7ab + 3b^2) : (4a - 3b) = a - b$$
$$\underline{- (4a^2 - 3ab\qquad)}$$
$$/\quad -4ab + 3b^2$$
$$\underline{- (-4ab + 3b^2)}$$
$$/\qquad /$$

18.) Zerlegen Sie **(a² − 2ab − 3b²) : (a − 3b)** mithilfe der Partialdivision!

$$(a^2 - 2ab - 3b^2) : (a - 3b) = a + b$$
$$\underline{- (a^2 - 3ab\qquad)}$$
$$/\quad ab - 3b^2$$
$$\underline{- (ab - 3b^2)}$$
$$/\qquad /$$

19.) Zerlegen Sie $(2x^2 - xy - 3y^2) : (x + y)$ mithilfe der Partial-division!

$$(2x^2 - xy - 3y^2) : (x + y) = 2x - 3y$$
$$\underline{-(2x^2 + 2xy)}$$
$$\;\; /\;\;\; -3xy - 3y^2$$
$$\underline{-(-3xy - 3y^2)}$$
$$\;\;\; /\;\;\;\;\; /$$

20.) Zerlegen Sie $(1{,}2a^2 - 0{,}93ab - 18{,}9b^2) : (1{,}5a + 5{,}4b)$ mithilfe der Partialdivision!

Mit (un-)echten Brüchen rechnen!

$$(^6/_5a^2 - ^{93}/_{100}ab - ^{189}/_{10}b^2) : (^3/_2a + ^{27}/_5b) = {}^4/_5a - {}^7/_2b$$
$$\underline{-(^6/_5a^2 + ^{108}/_{25}ab)}$$
$$/$$

Nebenrechnung:
$$= -\,^{93}/_{100} - ^{108}/_{25}$$
$$= -\,^{525}/_{100}$$
$$= -\,^{21}/_4$$

$$- ^{21}/_4ab - ^{189}/_{10}b^2$$
$$\underline{-(- ^{21}/_4ab - ^{189}/_{10}b^2)}$$
$$//$$

21.) Zerlegen Sie $(6x^2 - 3{,}4x + 0{,}48) : (3x - 0{,}8)$ mithilfe der Partialdivision!

$$(6x^2 - 3{,}4x + 0{,}48) : (3x - 0{,}8) = 2x - 0{,}6$$
$$\underline{-(6x^2 - 1{,}6x)}$$
$$\;\; /\;\;\; -1{,}8x + 0{,}48$$
$$\underline{-(-1{,}8x + 0{,}48)}$$
$$\;\;\; /\;\;\;\;\; /$$

22.) Zerlegen Sie **(2x² − 1,31xy − 1,6y²) : (0,8x + 0,5y)** mithilfe der Partialdivision!

$$(2x^2 - 1{,}31xy - 1{,}6y^2) : (0{,}8x + 0{,}5y) = 2{,}5x - 3{,}2y$$
$$\underline{- (2x^2 + 1{,}25xy \qquad)}$$
$$/ \quad - 2{,}56xy - 1{,}6y^2$$
$$\underline{- (- 2{,}56xy - 1{,}6y^2)}$$
$$/ \qquad /$$

23.) Zerlegen Sie **(0,06a² + 0,27ax − 6x²) : (2,5x + 0,2a)** mithilfe der Partialdivision!

Summanden aufsteigend sortieren! (siehe Divisor)

$$(0{,}06a^2 + 0{,}27ax - 6x^2) : (0{,}2a + 2{,}5x) = 0{,}3a - 2{,}4x$$
$$\underline{- (0{,}06a^2 + 0{,}75ax \qquad)}$$
$$/ \quad - 0{,}48ax - 6x^2$$
$$\underline{- (- 0{,}48ax - 6x^2)}$$
$$/ \qquad /$$

24.) Zerlegen Sie **(6a² + 10,11ax − 27x²) : (7,5x + 2,4a)** mithilfe der Partialdivision!

Summanden aufsteigend sortieren! (siehe Divisor)

$$(6a^2 + 10{,}11ax - 27x^2) : (2{,}4a + 7{,}5x) = 2{,}5a - 3{,}6x$$
$$\underline{- (6a^2 + 18{,}75ax \qquad)}$$
$$/ \quad - 8{,}64ax - 27x^2$$
$$\underline{- (- 8{,}64ax - 27x^2)}$$
$$/ \qquad /$$

25.) Zerlegen Sie $(a^2 - \tfrac{1}{2}ab - \tfrac{1}{9}b^2) : (2a + \tfrac{1}{3}b)$ mithilfe der Partialdivision!

$$(a^2 - \tfrac{1}{2}ab - \tfrac{1}{9}b^2) : (2a + \tfrac{1}{3}b) = \tfrac{1}{2}a - \tfrac{1}{3}b$$
$$\underline{-(a^2 + \tfrac{1}{6}ab\qquad\quad)}$$
$$/\ \ -\tfrac{2}{3}ab - \tfrac{1}{9}b^2$$
$$\underline{-(-\tfrac{2}{3}ab - \tfrac{1}{9}b^2)}$$
$$/\qquad\ /$$

26.) Zerlegen Sie $(\tfrac{1}{2}x^2 + 1\tfrac{1}{6}xy - y^2) : (\tfrac{2}{3}x + 2y)$ mithilfe der Partialdivision!

$$(\tfrac{1}{2}x^2 + 1\tfrac{1}{6}xy - y^2) : (\tfrac{2}{3}x + 2y) = \tfrac{3}{4}x - \tfrac{1}{2}y$$
$$\underline{-(\tfrac{1}{2}x^2 + 1\tfrac{1}{2}xy\qquad\ )}$$
$$/\qquad -\tfrac{1}{3}xy - y^2$$
$$\underline{-(-\tfrac{1}{3}xy - y^2)}$$
$$/\qquad\ /$$

27.) Zerlegen Sie $(\tfrac{1}{3}a^2 - \tfrac{1}{3}a - \tfrac{1}{4}) : (\tfrac{1}{2}a + \tfrac{1}{4})$ mithilfe der Partialdivision!

$$(\tfrac{1}{3}a^2 - \tfrac{1}{3}a - \tfrac{1}{4}) : (\tfrac{1}{2}a + \tfrac{1}{4}) = \tfrac{2}{3}a - 1$$
$$\underline{-(\tfrac{1}{3}a^2 + \tfrac{1}{6}a\qquad\ )}$$
$$/\qquad -\tfrac{1}{2}a - \tfrac{1}{4}$$
$$\underline{-(-\tfrac{1}{2}a - \tfrac{1}{4})}$$
$$/\qquad\ /$$

28.) Zerlegen Sie $(\frac{1}{2}x^2 + 5\frac{5}{6}x - 2) : (\frac{1}{4}x + 3)$ mithilfe der Partialdivision!

$$(\frac{1}{2}x^2 + 5\frac{5}{6}x - 2) : (\frac{1}{4}x + 3) = 2x - \frac{2}{3}$$
$$\underline{-(\frac{1}{2}x^2 + 6x)}$$
$$/ \quad - \frac{1}{6}x - 2$$
$$\underline{-(-\frac{1}{6}x - 2)}$$
$$/ \qquad /$$

29.) Zerlegen Sie $(1\frac{2}{3}a^2 + 3\frac{1}{4}ab - 1\frac{1}{8}b^2) : (2\frac{1}{2}a - \frac{3}{4}b)$ mithilfe der Partialdivision!

$$(1\frac{2}{3}a^2 + 3\frac{1}{4}ab - 1\frac{1}{8}b^2) : (2\frac{1}{2}a - \frac{3}{4}b) = \frac{2}{3}a + \frac{3}{2}b$$
$$\underline{-(1\frac{2}{3}a^2 - \frac{1}{2}ab)}$$
$$/ \qquad 3\frac{3}{4}ab - 1\frac{1}{8}b^2$$
$$\underline{-(3\frac{3}{4}ab - 1\frac{1}{8}b^2)}$$
$$/ \qquad /$$

30.) Zerlegen Sie $(\frac{3}{5}x^2 - \frac{5}{24}xy - 2\frac{1}{2}y^2) : (1\frac{1}{2}x - 3\frac{1}{3}y)$ mithilfe der Partialdivision!

$$(\frac{3}{5}x^2 - \frac{5}{24}xy - 2\frac{1}{2}y^2) : (1\frac{1}{2}x - 3\frac{1}{3}y) = \frac{2}{5}x + \frac{3}{4}y$$
$$\underline{-(\frac{3}{5}x^2 - 1\frac{1}{3}xy)}$$
$$/ \qquad 1\frac{1}{8}xy - 2\frac{1}{2}y^2$$
$$\underline{-(1\frac{1}{8}xy - 2\frac{1}{2}y^2)}$$
$$/ \qquad /$$

31.) Zerlegen Sie $(\tfrac{1}{2}a^2 - 2) : (1 + \tfrac{1}{2}a)$ mithilfe der Partialdivision!

Summanden aufsteigend sortieren! (siehe Divisor)

$$(\tfrac{1}{2}a^2 \qquad - 2) : (\tfrac{1}{2}a + 1) = a - 2$$
$$\underline{-(\tfrac{1}{2}a^2 + a \qquad)}$$
$$/ \quad - a - 2$$
$$\underline{-(- a - 2)}$$
$$/ \qquad /$$

32.) Zerlegen Sie $(\tfrac{3}{4}a^2 - \tfrac{1}{3}b^2) : (\tfrac{3}{4}a + \tfrac{1}{2}b)$ mithilfe der Partialdivision!

$$(\tfrac{3}{4}a^2 \qquad - \tfrac{1}{3}b^2) : (\tfrac{3}{4}a + \tfrac{1}{2}b) = a - \tfrac{2}{3}b$$
$$\underline{-(\tfrac{3}{4}a^2 + \tfrac{1}{2}ab \qquad)}$$
$$/ \quad - \tfrac{1}{2}ab - \tfrac{1}{3}b^2$$
$$\underline{-(- \tfrac{1}{2}ab - \tfrac{1}{3}b^2)}$$
$$/ \qquad /$$

33.) Zerlegen Sie $(\tfrac{1}{3}x^2 - \tfrac{3}{4}) : (\tfrac{2}{3}x + 1)$ mithilfe der Partialdivision!

$$(\tfrac{1}{3}x^2 \qquad - \tfrac{3}{4}) : (\tfrac{2}{3}x + 1) = \tfrac{1}{2}x - \tfrac{3}{4}$$
$$\underline{-(\tfrac{1}{3}x^2 + \tfrac{1}{2}x \qquad)}$$
$$/ \quad - \tfrac{1}{2}x - \tfrac{3}{4}$$
$$\underline{-(- \tfrac{1}{2}x - \tfrac{3}{4})}$$
$$/ \qquad /$$

34.) Zerlegen Sie $(^2/_9x^2 - ^9/_8y^2) : (^2/_3x - ^3/_2y)$ mithilfe der Partialdivision!

$$(^2/_9x^2 \qquad - ^9/_8y^2) : (^2/_3x - ^3/_2y) = {}^1/_3x + {}^3/_4y$$
$$\underline{- (^2/_9x^2 - {}^1/_2xy \qquad)}$$
$$\quad / \quad + {}^1/_2xy - {}^9/_8y^2$$
$$\quad \underline{- (+ {}^1/_2xy - {}^9/_8y^2)}$$
$$\qquad / \qquad /$$

35.) Zerlegen Sie

$(^1/_3a^2 + {}^{19}/_{18}ab + 1^5/_6ac - 2b^2 + 9^2/_9bc - c^2) : (^2/_3a + 3b - {}^1/_3c)$

mithilfe der Partialdivision!

$$(^1/_3a^2 + {}^{19}/_{18}ab + 1^5/_6ac - 2b^2 + 9^2/_9bc - c^2) : (^2/_3a + 3b - {}^1/_3c)$$
$$= {}^1/_2a - {}^2/_3b + 3c$$
$$\underline{-(^1/_3a^2 + {}^3/_2ab - {}^1/_6ac \qquad\qquad\qquad)}$$
$$\quad / \quad - {}^4/_9ab - 2ac - 2b^2 + 9^2/_9bc - c^2$$
$$\quad \underline{-(- {}^4/_9ab \qquad - 2b^2 + {}^2/_9bc \qquad)}$$
$$\qquad / \quad - 2ac \quad / \quad + 9bc - c^2$$
$$\qquad \underline{- (- 2ac \qquad + 9bc - c^2)}$$
$$\qquad\qquad / \qquad / \qquad /$$

Zerlegen Sie

$(\frac{1}{2}a^2 - 3\frac{1}{6}ab - \frac{1}{12}ac + 5b^2 + \frac{1}{3}bc - \frac{1}{12}c^2) : (\frac{3}{4}a - \frac{5}{2}b + \frac{1}{4}c)$

mithilfe der Partialdivision!

$(\frac{1}{2}a^2 - 3\frac{1}{6}ab - \frac{1}{12}ac + 5b^2 + \frac{1}{3}bc - \frac{1}{12}c^2) : (\frac{3}{4}a - \frac{5}{2}b + \frac{1}{4}c)$

$$= \frac{2}{3}a - 2b - \frac{1}{3}c$$

$-(\frac{1}{2}a^2 - \frac{5}{3}ab + \frac{1}{6}ac \qquad\qquad)$

$\quad / \quad - \frac{3}{2}ab - \frac{1}{4}ac + 5b^2 + \frac{1}{3}bc - \frac{1}{12}c^2$

$\quad - (- \frac{3}{2}ab \qquad\quad + 5b^2 - \frac{1}{2}bc \qquad)$

$\qquad / \quad - \frac{1}{4}ac \quad / \quad + \frac{5}{6}bc - \frac{1}{12}c^2$

$\qquad - (- \frac{1}{4}ac \qquad\quad + \frac{5}{6}bc - \frac{1}{12}c^2)$

$\qquad\qquad / \qquad\qquad / \qquad /$

Zerlegen Sie

$(1\frac{1}{2}x^2 - 2\frac{1}{4}xy + \frac{1}{3}y^2 - \frac{23}{12}x - \frac{5}{72}y - \frac{1}{2}) : (\frac{1}{2}x - \frac{2}{3}y - \frac{3}{4})$

mithilfe der Partialdivision!

$(1\frac{1}{2}x^2 - 2\frac{1}{4}xy + \frac{1}{3}y^2 - \frac{23}{12}x - \frac{5}{72}y - \frac{1}{2}) : (\frac{1}{2}x - \frac{2}{3}y - \frac{3}{4})$

$$= 3x - \frac{1}{2}y + \frac{2}{3}$$

$-(1\frac{1}{2}x^2 - 2xy \qquad\qquad - \frac{9}{4}x \qquad\qquad)$

$\quad / \quad - \frac{1}{4}xy + \frac{1}{3}y^2 \quad + \frac{1}{3}x - \frac{5}{72}y - \frac{1}{2}$

$\quad - (- \frac{1}{4}xy + \frac{1}{3}y^2 \qquad\qquad + \frac{3}{8}y \qquad)$

$\qquad / \qquad / \quad + \frac{1}{3}x - \frac{4}{9}y - \frac{1}{2}$

$\qquad\qquad - (+ \frac{1}{3}x - \frac{4}{9}y - \frac{1}{2})$

$\qquad\qquad\qquad / \qquad / \qquad /$

38.) Zerlegen Sie

$$\left(\tfrac{5}{6}a^2 + ax - \tfrac{3}{8}x^2 + \tfrac{127}{36}a - \tfrac{35}{24}x - 1\right) : \left(\tfrac{5}{2}a - \tfrac{3}{4}x - \tfrac{2}{3}\right)$$

mithilfe der Partialdivision!

$$\left(\tfrac{5}{6}a^2 + ax - \tfrac{3}{8}x^2 + \tfrac{127}{36}a - \tfrac{35}{24}x - 1\right) : \left(\tfrac{5}{2}a - \tfrac{3}{4}x - \tfrac{2}{3}\right)$$
$$= \tfrac{1}{3}a + \tfrac{1}{2}x + \tfrac{3}{2}$$

$$-\left(\tfrac{5}{6}a^2 - \tfrac{1}{4}ax \qquad - \tfrac{2}{9}a \qquad\right)$$
$$/ \quad + \tfrac{5}{4}ax - \tfrac{3}{8}x^2 + \tfrac{15}{4}a - \tfrac{35}{24}x - 1$$
$$-\left(+ \tfrac{5}{4}ax - \tfrac{3}{8}x^2 \qquad - \tfrac{1}{3}x \qquad\right)$$
$$/ \quad / \quad + \tfrac{15}{4}a - \tfrac{9}{8}x - 1$$
$$-\left(+ \tfrac{15}{4}a - \tfrac{9}{8}x - 1\right)$$
$$/ \qquad / \qquad /$$

39.) Zerlegen Sie

$$\left(\tfrac{1}{4}a^2 - \tfrac{4}{9}b^2 + \tfrac{1}{3}bc - \tfrac{1}{16}c^2\right) : \left(\tfrac{1}{2}a + \tfrac{2}{3}b - \tfrac{1}{4}c\right)$$

mithilfe der Partialdivision!

$$\left(\tfrac{1}{4}a^2 - \tfrac{4}{9}b^2 + \tfrac{1}{3}bc - \tfrac{1}{16}c^2\right) : \left(\tfrac{1}{2}a + \tfrac{2}{3}b - \tfrac{1}{4}c\right)$$
$$= \tfrac{1}{2}a - \tfrac{2}{3}b + \tfrac{1}{4}c$$

$$-\left(\tfrac{1}{4}a^2 + \tfrac{1}{3}ab - \tfrac{1}{8}ac \qquad\qquad\qquad\right)$$
$$/ \quad - \tfrac{1}{3}ab + \tfrac{1}{8}ac - \tfrac{4}{9}b^2 + \tfrac{1}{3}bc - \tfrac{1}{16}c^2$$
$$-\left(- \tfrac{1}{3}ab \qquad\quad - \tfrac{4}{9}b^2 + \tfrac{1}{6}bc \qquad\right)$$
$$/ \quad + \tfrac{1}{8}ac \quad / \quad + \tfrac{1}{6}bc - \tfrac{1}{16}c^2$$
$$-\left(+ \tfrac{1}{8}ac \qquad + \tfrac{1}{6}bc - \tfrac{1}{16}c^2\right)$$
$$/ \qquad\qquad / \qquad /$$

40.) Zerlegen Sie

$$(^9/_{16}a^2 - ac - ^{25}/_{36}b^2 + ^4/_9c^2) : (^3/_4a + ^5/_6b - ^2/_3c)$$

mithilfe der Partialdivision!

$$(^9/_{16}a^2 - ac - ^{25}/_{36}b^2 + ^4/_9c^2) : (^3/_4a + ^5/_6b - ^2/_3c)$$
$$= ^3/_4a - ^5/_6b - ^2/_3c$$

$$-(^9/_{16}a^2 + ^5/_8ab - ^1/_2ac)$$
$$/ \quad -^5/_8ab - ^1/_2ac - ^{25}/_{36}b^2 + ^4/_9c^2$$
$$-(-^5/_8ab - ^{25}/_{36}b^2 + ^5/_9bc)$$
$$/ \quad -^1/_2ac \quad / \quad -^5/_9bc + ^4/_9c^2$$
$$-(-^1/_2ac -^5/_9bc + ^4/_9c^2)$$
$$/ / /$$

41.) Womit muss man **$(3x^2 - 2x + 1)$** multiplizieren, um
$3x^4 - 5x^3 + x - 1$ zu erhalten?

$$(3x^4 - 5x^3 + x - 1) : (3x^2 - 2x + 1) = x^2 - x - 1$$
$$-(3x^4 - 2x^3 + x^2)$$
$$/ \quad -3x^3 - x^2 + x - 1$$
$$-(-3x^3 + 2x^2 - x)$$
$$/ \quad -3x^2 + 2x - 1$$
$$-(-3x^2 + 2x - 1)$$
$$/ / /$$

42.) Ermitteln Sie für die Funktion $y = x^3 - 6x^2 + 11x - 6$ mithilfe der Partialdivision die beiden fehlenden Nullstellen, wenn eine Nullstelle bei $x_{N1} = +1$ liegt!

$$(x^3 - 6x^2 + 11x - 6) : (x - 1) = x^2 - 5x + 6$$
$$\underline{-(x^3 - x^2)}$$
$$-5x^2 + 11x - 6$$
$$\underline{-(-5x^2 + 5x)}$$
$$6x - 6$$
$$\underline{-(6x - 6)}$$
$$/ \quad /$$

$$0 = x^2 - 5x + 6$$

$$x_{2/3} = -\frac{-5}{2} \pm \sqrt{\frac{25}{4} - 6}$$

$$= 2,5 \pm \sqrt{\frac{1}{4}}$$

$$= 2,5 \pm 0,5$$

$$x_2 = 3$$
$$x_3 = 2$$

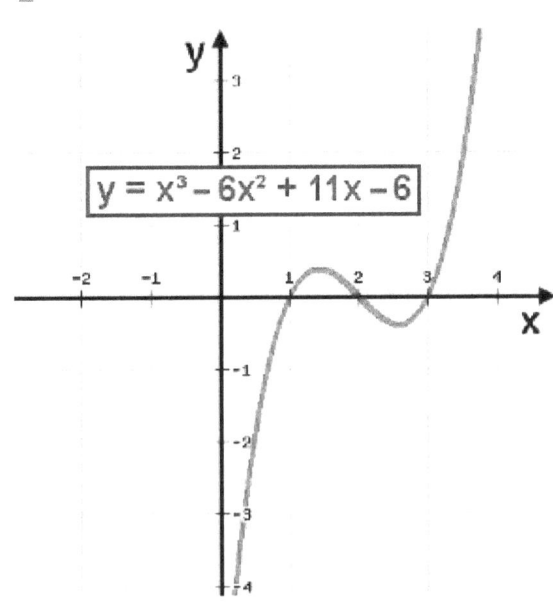

$$y = x^3 - 6x^2 + 11x - 6$$

43.) Ermitteln Sie für die Funktion $y = x^3 - x^2 - x + 1$ mithilfe der Partialdivision die beiden fehlenden Nullstellen, wenn eine Nullstelle bei $x_{N1} = -1$ liegt!

$(x^3 - x^2 - x + 1) : (x + 1) = x^2 - 2x + 1$
$\underline{-(x^3 + x^2\qquad\quad)}$
$\quad\ -2x^2 - x + 1$
$\quad\underline{-(-2x^2 -2x\quad)}$
$\qquad\qquad\quad x + 1$
$\qquad\quad\underline{-(x + 1)}$
$\qquad\qquad\ \ /\ \ /$

$0 = x^2 - 2x + 1$

$x_{2/3} = -\ \dfrac{-2}{2}\ \pm\ \sqrt{\dfrac{4}{4}\ -1}$

$\qquad =\quad 1\quad \pm\ \sqrt{0}$

$\qquad =\quad 1\quad \pm\ 0$

$x_{2/3} = 1$

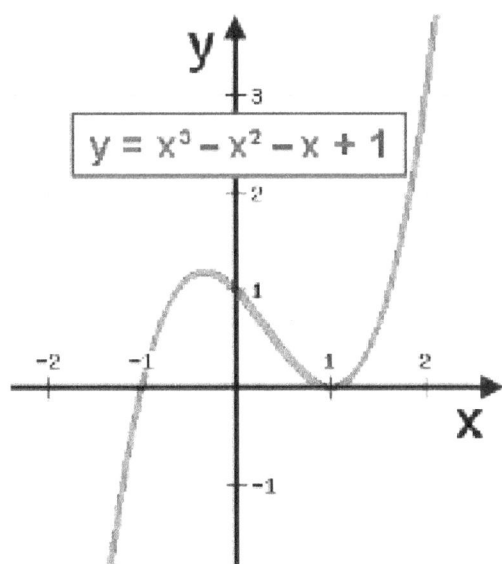

44.) Ermitteln Sie für die Funktion

$$y = x^3 - 2{,}5x^2 - 2{,}25x + 5{,}625$$

mithilfe der Partialdivision die beiden fehlenden Nullstellen, wenn eine Nullstelle bei $x_{N1} = -1{,}5$ liegt!

$$(x^3 - 2{,}5x^2 - 2{,}25x + 5{,}625) : (x + 1{,}5) = x^2 - 4x + 3{,}75$$
$$\underline{-\,(x^3 + 1{,}5x^2\qquad\qquad\quad)}$$
$$-\,4x^2 - 2{,}25x + 5{,}625$$
$$\underline{-\,(-4x^2 - \quad 6x\qquad\quad)}$$
$$3{,}75x + 5{,}625$$
$$\underline{-\,(3{,}75x + 5{,}625)}$$
$$\diagup\qquad\quad\diagup$$

$$0 = x^2 - 4x + 3{,}75$$

$$x_{2/3} = -\,\frac{-4}{2} \pm \sqrt{\frac{16}{4} - 3{,}75}$$

$$= \quad 2 \quad \pm \sqrt{\frac{1}{4}}$$

$$= \quad 2 \quad \pm \; 0{,}5$$

$$x_2 = 1{,}5$$
$$x_3 = 2{,}5$$

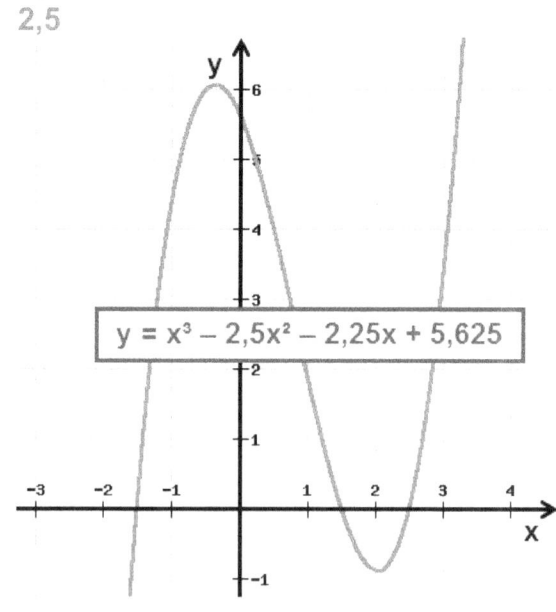

$$y = x^3 - 2{,}5x^2 - 2{,}25x + 5{,}625$$

45.) Ermitteln Sie für die Funktion
$$y = x^3 + 1{,}5x^2 - 6{,}25x - 9{,}375$$
mithilfe der Partialdivision die beiden fehlenden Null-stellen, wenn eine Nullstelle bei $x_{N1} = -1{,}5$ liegt!

$(x^3 + 1{,}5x^2 - 6{,}25x - 9{,}375) : (x + 1{,}5) = \mathbf{x^2 - 6{,}25}$
$\underline{- (x^3 + 1{,}5x^2 \qquad\qquad\qquad\quad)}$
$\qquad\qquad - 6{,}25x - 9{,}375$
$\qquad\qquad \underline{- (-6{,}25x - 9{,}375)}$
$\qquad\qquad\quad / \qquad\quad /$

$0 = x^2 - 6{,}25$

$x_{2/3} = -\dfrac{0}{2} \pm \sqrt{\dfrac{25}{4}}$

$\qquad = \quad 0 \quad \pm \quad 2{,}5$

$x_2 = -2{,}5$
$x_3 = +2{,}5$

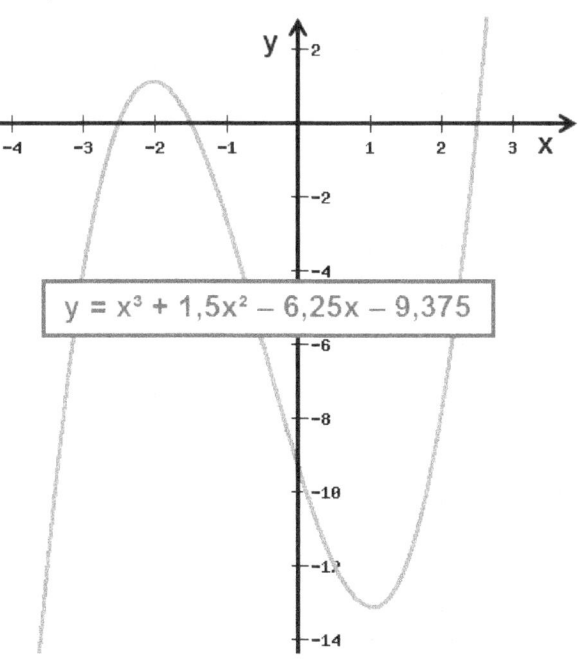

$$y = x^3 + 1{,}5x^2 - 6{,}25x - 9{,}375$$

46.) Ermitteln Sie für die Funktion
$$y = x^3 - 2{,}5x^2 - 4{,}25x + 2{,}625$$
mithilfe der Partialdivision die beiden fehlenden Null-stellen, wenn eine Nullstelle bei $x_{N1} = -1{,}5$ liegt!

$(x^3 - 2{,}5x^2 - 4{,}25x + 2{,}625) : (x + 1{,}5) = x^2 - 4x + 1{,}75$
$\underline{-(x^3 + 1{,}5x^2\qquad\qquad\qquad)}$
$\qquad -4x^2 - 4{,}25x + 2{,}625$
$\qquad \underline{-(-4x^2 - \quad 6x\qquad\qquad)}$
$\qquad\qquad\quad 1{,}75x + 2{,}625$
$\qquad\qquad\quad \underline{-(1{,}75x + 2{,}625)}$
$\qquad\qquad\qquad / \qquad /$

$0 = x^2 - 4x + 1{,}75$

$x_{2/3} = -\dfrac{-4}{2} \pm \sqrt{\dfrac{16}{4} - 1{,}75}$

$\quad = 2 \pm \sqrt{\dfrac{9}{4}}$

$\quad = 2 \pm 1{,}5$

$x_2 = 0{,}5$
$x_3 = 3{,}5$

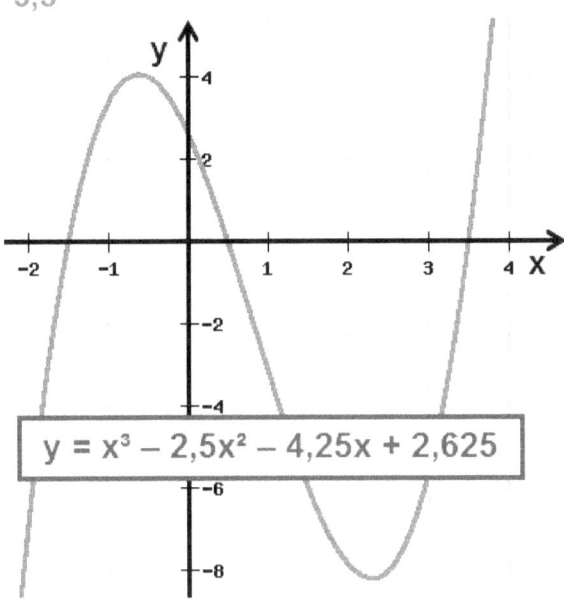

$y = x^3 - 2{,}5x^2 - 4{,}25x + 2{,}625$

47.) Ermitteln Sie für die Funktion

$$y = x^3 - 4,5x^2 - 2,25x + 10,125$$

mithilfe der Partialdivision die beiden fehlenden Nullstellen, wenn eine Nullstelle bei $x_{N1} = -1,5$ liegt!

$$(x^3 - 4,5x^2 - 2,25x + 10,125) : (x + 1,5) = x^2 - 6x + 6,75$$
$$\underline{- (x^3 + 1,5x^2\qquad\qquad\qquad)}$$
$$\qquad - 6x^2 - 2,25x + 10,125$$
$$\qquad \underline{- (-6x^2 - \quad 9x \qquad\qquad)}$$
$$\qquad\qquad\quad 6,75x + 10,125$$
$$\qquad\qquad\quad \underline{- (6,75x + 10,125)}$$
$$\qquad\qquad\qquad / \qquad\qquad /$$

$$0 = x^2 - 6x + 6,75$$

$$x_{2/3} = -\frac{-6}{2} \pm \sqrt{\frac{36}{4} \,{}^{-6,75}}$$

$$= 3 \pm \sqrt{\frac{9}{4}}$$

$$= 3 \pm 1,5$$

$$x_2 = 1,5$$
$$x_3 = 4,5$$

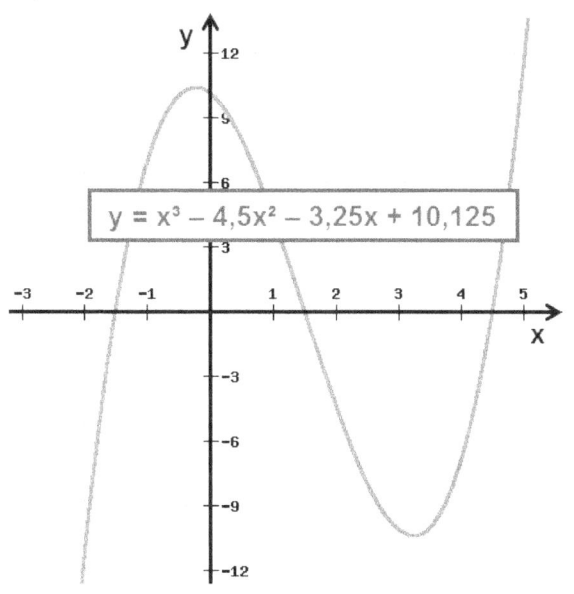

$$y = x^3 - 4,5x^2 - 3,25x + 10,125$$

Ermitteln Sie für die Funktion

$$y = x^3 - 2{,}5x^2 - 2{,}25x + 5{,}625$$

mithilfe der Partialdivision die beiden fehlenden Nullstellen, wenn eine Nullstelle bei $x_{N1} = -1{,}5$ liegt!

$$(x^3 - 2{,}5x^2 - 2{,}25x + 5{,}625) : (x + 1{,}5) = x^2 - 4x + 3{,}75$$
$$\underline{-(x^3 + 1{,}5x^2\qquad\qquad\qquad)}$$
$$-4x^2 - 2{,}25x + 5{,}625$$
$$\underline{-(-4x^2 -\quad 6x\qquad\qquad)}$$
$$3{,}75x + 5{,}625$$
$$\underline{-(3{,}75x + 5{,}625)}$$
$$\diagup\qquad\diagup$$

$$0 = x^2 - 4x + 3{,}75$$

$$x_{2/3} = -\frac{-4}{2} \pm \sqrt{\frac{16}{4} - 3{,}75}$$

$$= 2 \pm \sqrt{\frac{1}{4}}$$

$$= 2 \pm 0{,}5$$

$$x_2 = 1{,}5$$
$$x_3 = 2{,}5$$

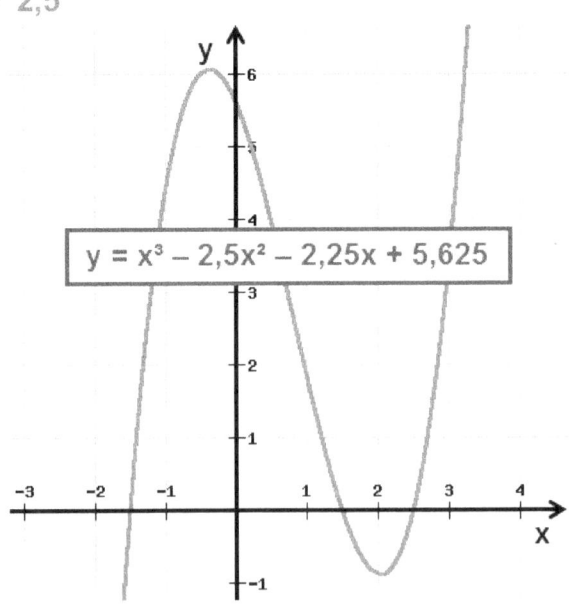

$$y = x^3 - 2{,}5x^2 - 2{,}25x + 5{,}625$$

Innerhalb der Reihe „Mathematik – leicht verständlich" erschienen bisher die Broschüren

Das Kopfrechnen

Das Dreisatzrechnen

Das Prozentrechnen

Das Zinsrechnen

Das Diskontrechnen

Die Gleichungen

Die Funktionen

Die Boolesche Algebra

Die Zahlensysteme

Die Kombinatorik

Das Wahrscheinlichkeitsrechnen

Die Partialdivision

Das Integralrechnen

Das Differenzialrechnen

Die komplexen Zahlen

Die Finanzmathematik

.